ESSAI

D'UN

CATALOGUE SYNONYMIQUE

DES

FROMENTS.

Paris. — Typographie de FÉLIX MALTESTE ET Ce, rue des Deux-Portes-St-Sauveur, 22.

ESSAI

D'UN

CATALOGUE MÉTHODIQUE

ET

SYNONYMIQUE

DES

FROMENTS

Qui composent la collection de

L. VILMORIN,

Membre de la Société nationale et centrale d'agriculture.

PARIS,

A LA LIBRAIRIE AGRICOLE, RUE JACOB 6

1850

Je crois nécessaire de donner quelques détails sur l'origine de la collection de Froments dont je publie aujourd'hui la liste, et sur les motifs qui me déterminent à livrer au public un travail qui n'est jusqu'à présent qu'à l'état d'ébauche.

Mon père possédait depuis longues années une collection de Céréales composée des variétés les plus intéressantes parmi toutes celles que ses nombreuses relations l'avaient amené à posséder et à connaître. Il les étudiait alors principalement au point de vue de leurs qualités agricoles, lorsqu'à l'époque (1832) de la publication du mémoire de M. Desvaux sur les Froments, il fut chargé par la Société d'Agriculture de lui rendre compte de ce travail, et il fut ainsi amené à cultiver la collection de M. Desvaux, et à envisager les variétés du Froment cultivé au point de vue de leur classification botanique. A la même époque, il reçut de M. Seringe, d'une part, et de M. Metzger, de l'autre, les collections qui avaient servi de base à leurs importants travaux. La comparaison de ces trois collections, jointes à celle que mon père avait déjà, et qui comprenait les types les plus importants de la culture française, ont formé la base de celle dont nous publions aujourd'hui la liste.

Elle s'est accrue successivement d'un assez grand nombre de variétés françaises, par suite d'une sorte d'enquête faite par mon père en 1834, au sujet de quelques variétés que prônaient alors les journaux agricoles; et enfin, d'un nombre considérable de types principaux de la culture anglaise, dus, tant à nos correspondants de ce pays, qu'au zèle infatigable de M. de Gourcy.

L'étude comparative d'éléments si divers a dû nous amener nécessairement à reconnaitre des identités, et, par suite, à réunir et à grouper un certain nombre de ces variétés. Bien que nous ne soyons pas encore en mesure de publier les descriptions détaillées de toutes les variétés qui composent la collection, nous avons pensé qu'une liste présentant le classement, non pas définitif, mais tel que nos études jusqu'à ce jour nous l'ont fait adopter, pouvait présenter de l'intérêt, surtout en y joignant tout ce que nous possédons actuellement de synonymie bien reconnue. Nous avons apporté à ce dernier travail la plus grande prudence, n'admettant définitivement un synonyme qu'après plusieurs années de culture comparative, à moins que des caractères parfaitement tranchés et propres seulement aux variétés que nous considérions nous aient permis de prononcer plus tôt. Nous nous attendons bien que plus tard il y aura encore des synonymies à constater parmi les variétés que nous avons placées au deuxième rang, et que jusqu'à présent nous avons tenues distinctes. Mais c'est surtout quand il s'agit de plantes agricoles qu'il est vrai de dire qu'il y a moins d'inconvénient à distinguer inutilement qu'à réunir à tort.

Les botanistes peuvent réunir comme synonymes toutes les variétés qui ne présentent dans leurs caractères extérieurs et appréciables à l'œil armé d'une loupe aucune différence à peu près constante. Mais pour les agriculteurs, cette marche entraînerait des inconvénients graves ; pour eux, toute race qui possède des qualités différentes de ses analogues, soit dans ses habitudes de végétation, soit dans l'abondance et la qualité de ses produits, soit dans son aptitude plus ou moins grande à résister à tel ou tel des agents qui altèrent ou compromettent la récolte, constitue une variété. En un mot, les botanistes n'admettent ou ne doivent admettre que les caractères qui peuvent être formulés en termes absolus ; mais les agriculteurs tiennent grandement compte des caractères relatifs, c'est-à-dire de ceux qui se résument en des notions de plus ou de moins.

De là résulte l'extrême difficulté que présente le classement des variétés agricoles, et là aussi se trouvera, je l'espère, l'excuse de ce que peut présenter de peu logique en apparence le classement que la nature des choses nous a contraint à adopter.

En effet, au-dessous des groupes principaux, correspondant aux espèces généralement admises par les botanistes, et pour lesquels nous avons adopté la classification de MM. Seringe et Metzger ; au-dessous, disons-nous, de ces groupes qu'il n'est pas impossible de renfermer (eux et leurs variantes) dans des caractères absolus, il devient à peu près impraticable de limiter, par un caractère quelconque, un groupe secondaire ou inférieur de variétés, ou, si cela est faisable pour quelques-unes, on est arrêté aussitôt par l'impossibilité de fonder sur le caractère réciproque ou inverse un autre groupe de même valeur, ou de pouvoir renfermer dans les groupes ainsi tracés toutes les variétés à classer.

La seule méthode qui nous ait paru praticable a consisté à décrire d'abord, d'une manière absolue, un certain nombre des variétés les plus distinctes, puis à grouper autour de ces variétés celles qui s'y rapportent le plus naturellement. Chacun de ces groupes, formé le plus souvent d'un seul type, constitue ce que nous avons nommé une Section. Cependant, toutes les fois que la présence d'un caractère commun nous l'a permis, ou lorsque plusieurs types nous ont paru avoir plus d'analogie entre eux qu'avec ceux des Sections voisines, nous en avons réuni plusieurs dans la même Section.

Les Sections sont ensuite réunies d'après des caractères tirés de la couleur de l'épi et de l'absence ou de la présence de duvet sur les glumes. Le tableau placé en regard de la première page de la liste résume, sous la forme analytique, ce classement qui, à cela près de la division en Sections, est exactement celui qui a été adopté par mon père dans l'article Froment de la *Maison rustique du XIX*e *siècle*, publié en 1837.

Nous nous étions proposé de donner dans ce catalogue la description complète des variétés qui le composent ; mais la nécessité, pour quelques points douteux, de recourir à l'observation directe que l'on ne peut consulter qu'une fois par an et à jour fixe *, aurait retardé d'un an ou deux l'achève-

* S'il s'élève dans ce moment (mai 1850) quelque doute sur le classement d'une variété,

ment de ce travail, nous avons donc pensé qu'il y aurait utilité à publier, dès à présent cette simple liste qui, à raison du nombre déjà assez considérable de synonymes qu'elle renferme, pourra offrir, telle qu'elle est, un certain intérêt aux agriculteurs.

Comme, d'un autre côté, un certain nombre des variétés qu'elle renferme ont été décrites par mon père dans l'article FROMENT de la *Maison rustique* et dans le *Bon Jardinier*, nous avons placé à la suite de leurs noms des renvois à leurs articles dans ces deux ouvrages, ce qui pourra, jusqu'à un certain point, suppléer à cette lacune.

Quelques explications et quelques exemples sont, à ce qu'il nous semble, nécessaires pour rendre facilement saisissables la disposition typographique et les signes employés dans les deux listes qui vont suivre.

Nous considérons, comme nous l'avons dit, dans chaque section, comme type, une ou deux variétés principales, de préférence les plus répandues ou les mieux connues. Elles se distinguent des autres en ce que leurs noms sont imprimés en PETITES CAPITALES. Au-dessous de chacune de ces variétés viennent se ranger, d'abord ses synonymes réunis par une accolade, puis, en lignes rentrées, les variétés qui s'y rapportent sans lui être identiquement semblables. Quand l'identité de quelques-unes de ces variétés entre elles a été reconnue, elles sont pareillement réunies par des accolades. Ainsi, si nous prenons pour exemple la section II (page 5) : le *Blé de Crépi*, avec le *Froment blanc récolté sur les Côteaux*, son synonyme, forment le premier type de la Section ; puis viennent, comme variétés se rapportant à ce type : le *Blé grizard de Douai*, le *Blé d'hiver ordinaire des environs de Paris*, avec ses trois synonymes : *Blé*

---

il ne pourra être résolu qu'en la semant à l'automne prochain, et ce n'est que dans quinze mois que la question pourra être jugée ; et si une circonstance quelconque empêche de faire une des observations projetées au moment précis où elle est faisable, il s'ensuivra un nouveau retard d'une année.

commun d'hiver à épi jaunâtre, *Blé de Cayrac* (*Nérac*), *Bladette sans barbes* (*Toulouse*); ensuite, le *Pomeranian wheat*, *Blé de Poméranie*, *Froment anglais*, *Blé rouge d'Armentières* et *Blé roux d'Armentières*; ces cinq derniers ne sont pas synonymes entre eux, et, bien qu'ils se rapportent tous les cinq au *Blé de Crépi*, ils doivent être considérés jusqu'à présent comme autant de variétés distinctes. Vient ensuite, comme second type de la section, le *Blé de Pays du Gâtinais*, très analogue au *Blé de Crépi* par l'ensemble de ses caractères, mais présentant cependant des différences assez tranchées pour en faire le type d'un second groupe. Il est suivi dans la liste de ses quatre synonymes : *Blé de Revel*, *Blé fin de Toulouse*, *Blé de Curâne* (*Vienne*), *Blé Chicot blanc* (*Caen*); puis en lignes rentrées, des variétés *Langley's red*, *Froment blanc Indigène*, *Froment n° 605* (*Belge*), *Froment jaune*, *Froment rouge de Pays* (*Anvers*), qui s'y rapportent plus qu'à aucun autre, sans cependant se confondre avec lui.

Quelquefois des variétés, qui appartiennent bien évidemment à la Section, ne peuvent pas se relier directement à l'un de ses types; elles sont alors placées en tête de ligne, mais en caractère ordinaire. Elles sont suivies, s'il y a lieu, de leurs analogues aux divers degrés. Les blés *Hardy White*, section 5; *Brodies red seed*, section 6, *Striped chaff*, section 22, sont des exemples de cette disposition.

Dans la *Liste alphabétique*, les PETITES CAPITALES désignent, de même que dans la *Liste méthodique*, les variétés types; elles sont suivies, en *caractères italiques*, de leurs synonymes, puis, en caractères romains, et en lignes rentrées, des variétés qui s'y rapportent. Le renvoi des synonymes aux types à mesure que l'ordre alphabétique les amène dans la liste, se fait par le signe *V.* (*voyez*), celui des variétés non synonymes par le signe *cfr.* (*conferatur*). Chaque variété type de section, ou tête de ligne, est suivie, dans la liste alphabétique, du numéro de la section à laquelle elle appartient.

Les citations placées à la suite du nom, dans la première liste, renvoient, comme nous l'avons dit, à la mention de ces variétés dans les ouvrages cités. La deuxième colonne de la *Liste méthodique* contient le nom de la personne de qui nous tenons les variétés. Dans la *Liste alphabétique*, cette indication a été presque toujours remplacée par celle de la provenance principale. Mais nous n'avons pas entrepris de mentionner à chaque variété toutes les localités où, à notre connaissance, elle est cultivée, travail qui nous eût entraîné trop loin, et que nous réservons pour une autre publication.

Louis Vilmorin.

Verrières, 25 mai 1850.

ERRATA :

Page 3 Sec. 7 Le Blé *Club* doit être en ligne rentrée comme se rapportant au Blé de Hongrie.

— 6 12 Blé *Pictet* doit être en caractère romain ordinaire et non en PETITES CAPITALES.

— » 13 *Touzelle blanche* et *Touzelle anone*, doivent être réunies par une accolade.

Les renvois au *Bon Jardinier* et à la *Maison Rustique* ont été omis par erreur depuis la Section 28 jusqu'à la Section 39, nous les ajoutons ici.

Page 11 Sec.	28	Blé *barbu d'hiver ordinaire*,	ajouter	*Maison Rustique*, n° 28.
— 12	29	*Saisse d'Agde ou de Béziers*,	—	*Bon Jardinier*, 1850, p. 524.
— »	30	Blé de *Mars barbu ordinaire*,	—	*M. R.* n° 19 et *B. J.* 1850, p. 524.
— »	»	Blé de *Toscane*,	—	*M. R.* n° 20 et *B. J.* 1850, p. 525.
— 13	31	Blé du *Caucase barbu*,	—	*Bon Jardinier* 1850, p. 524.
— »	»	Blé du *Cap*,	—	*M. R.* n° 21 et *B. J.* 1850, p. 524.
— »	»	Blé du *Caucase amélioré*,	—	*Bon Jardinier* 1850, p. 524.
— »	»	Blé *barbu de Naples*,	—	*Bon Jardinier* 1850, p. 524.
— »	32	Blé *Hérisson*.	—	*M. R.* n° 22, et *B. J.* 1850, p. 525
— 14	33	Blé de *Mars rouge barbu*,	—	*Bon Jardinier* 1850, p. 525.
— »	35	*Poulard blanc lisse*,	—	*Maison Rustique*, n° 24.
— »	37	*Pétanielle blanche*,	—	*Maison Rustique*, n° 26.
— »	»	*Garagnon de la Lozère*.	—	*Maison Rustique*, n° 35.
— 16	38	*Poulard blanc velu de Touraine*,	—	*Maison Rustique*, n° 27.
— »	39	*Poulard rouge lisse*,	—	*Maison Rustique*, n° 23.

TABLEAU ANALYTIQUE

DES CARACTÈRES

SUR LESQUELS EST FONDÉ LE

GROUPEMENT DES SECTIONS.

SECTIONS.

Blés à grain nu.

- **I. TRITICUM SATIVUM** (paille creuse).
  - Variétés sans barbes.
    - A. *Épi blanc, lisse*
      - 1re. Blé de Flandre.
      - 2. Blé Whittington.
      - 3. Blé de Talavera.
      - 4. Blé de Hunter, Jersey Dantzick.
      - 5. White Essex.
      - 6. Blé Rouge d'Essex.
      - 7. Blé de Hongrie.
      - 8. Blé Hickling.
      - 9. Blé du Chili.
      - 10. Blé de Saumur.
      - 11. Blé de Crépi. — Blé du Pays du Gâtinais.
      - 12. Blé de Bazas sans barbes. — Blé Fellenberg.
      - 13. Touzelle blanche.
      - 14. Talavera de Bellevue.
      - 15. Blé Clenois.
      - 16. Richelle blanche de Naples.
      - 17. Blé de la Chine.
    - B. *Épi blanc, velu*
      - 18. Blé de Haie.
    - C. *Épi jaune, lisse*
      - 19. Blé d'Odessa sans barbes.
      - 20. Marsellage.
      - 21. Blé de Rampillon.
    - D. *Épi rouge, lisse*
      - 22. Red Kent. — Rouge d'Écosse.
      - 23. Blé Rouge de Talgie.
      - 24. Blé Carré de Sicile.
      - 25. Blé de Marianopoli.
      - 26. Blé du Caucase rouge sans barbes.
    - E. *Épi rouge, velu*
      - 27. Blé de Crète.
  - Variétés barbues.
    - A. *Épi blanc, lisse*
      - 28. Blé barbu d'hiver ordinaire.
      - 29. Blé de Roussillon.
      - 30. Blé de mars barbu. — Blé de Victoria.
      - 31. Blé du Caucase barbu. — Blé du Cap.
      - 32. Blé Hérisson.
    - B. *Épi rouge, lisse*
      - 33. Froment d'automne rouge barbu.
    - C. *Épi rouge, velu*
      - 34. Blé barbu velu de la Manche.
- **II. — TR. TURGIDUM.** (paille pleine ; grain bossu)
  - Épi simple
    - A. *Épi blanc, lisse*
      - 35. Poulard blanc lisse (du Gâtinais).
      - 36. Blé du Nord.
      - 37. Pétanielle blanche.
    - B. *Épi blanc, velu*
      - 38. Poulard blanc velu de Touraine.
    - C. *Épi rouge, lisse*
      - 39. Poulard rouge lisse.
      - 40. Poulard gros rouge.
    - D. *Épi rouge, velu*
      - 41. Poulard roux velu. — Nonette.
      - 42. Gros Turquet.
      - 43. Blé d'Égypte.
    - E. *Épi noirâtre, velu*
      - 44. Poulard bleu. — Pétanielle noire.
  - Épi composé. . . . . 45. Blé de Miracle.
- **III. — TR. DURUM** (paille pleine ; grain allongé, glacé) . . . .
  - 46. Trimenia. — Aubaine rouge.
  - 47. Taganrock blanc à barbes noires.
  - 48. Durum à épi plat.
- **IV. — TR. POLONICUM** (paille pl. ; glumes beaucoup plus longues que le grain). 49. Blé de Pologne.

Blés à grain vêtu.

- **V. — TR. AMYLEUM** (épillets à 2 grains ; axe caché). . . . . 50. Amidonnier blanc.
- **VI. — TR. MONOCOCCUM** (épillets à 1 grain ; axe caché) . . . . 51. Engrain commun.
- **VII. — TR. SPELTA** (épillets à 2 grains ; axe apparent, grêle) . . .
  - 52. Épeautres sans barbes.
  - 53. Épeautres barbues.

LISTE MÉTHODIQUE.

I. — TRITICUM SATIVUM.

A. — Variétés sans barbes.

Épi dépourvu de barbes, généralement long, pyramidé, présentant sa plus grande largeur sur la face des épillets*, qui sont planes et disposés en éventail; glumes légèrement échancrées au-dessous du sommet et portant une pointe courte; carène (ou pli dorsal de la glume) saillante dans sa moitié supérieure seulement et s'évanouissant vers la base; balles dépassant le grain, distinctes et un peu écartées au sommet; grain oblong, ovale, généralement tendre; paille creuse.

SECTION 1.

Épi prismatique, presque droit, demi-serré, blanc, glabre, canaliculé sur le profil; grain blanc, moyen; feuilles nombreuses, larges.

Variété	Provenance
Blé blanc, blazé, blanc Zée (Nord).	*Ancienne collection.*
Blé de FLANDRE, blé de Bergues, *Maison rustique*, n° 3, et *Bon Jardinier*, 1850, p. 520.	*Anc. coll.*
Blé de Tiflis, de M. Noisette.	*M. Reynier*, 1839.
Blé blanc du Loudunais.	*M. Desvaux*, 1833.
Blé reçu d'Auvergne (M. Girard, n° 1).	*M. Girard*, 1834.
Chittem.	*M. Bhum*, 1841.
White Kent.	*M. Lawson*, 1839.
Schireff's.	*M. de Gourcy*, 1840.
Silver drop.	*Idem.*
Pearl white.	*Idem.*
Blé Perle.	*M. Lawson*, 1843.
Blé Hopetoun.	*Idem.* 1842.

* Dans les variétés à épi très compacte, la plus grande largeur de l'épi se trouve sur le sens du profil des épillets : ce sont les Sections 8 et 9 qui présentent ce caractère.

SECTION 2.

Épi prismatique, droit, long, méplat sur la face des épillets, qui sont élargis ; balles longues ; grain gros, long ; feuilles nombreuses, larges.

Blé WHITTINGTON, *Bon Jardinier*, 1850, p. 520. — *M. Lawson*, 1839.
Blé Eclips, *Bon Jardinier*, 1850, p. 520. — *Idem.*
Blé Géant d'Eley, *Bon Jardinier*, 1850, p. 520. — *M. Chauvière*, 1838.
Whittingham gigantic. — *M. Rhom*, 1840.
Fireter's. — *M. de Gourcy*, 1841.

SECTION 3.

Épi long, lâche, flexible et souvent courbé sur le sens du plat des épillets, qui sont élargis, mais moins longs que dans la Section 2 ; grain moyen, très blanc ; feuilles comme la Section 1re.

Blé de TALAVERA, *Maison rustique*, nº 4, et *Bon Jardinier*, 1850, p. 521. — *Anc. coll.*
Blé anglais, voisin du Talavera. — *M. Desvaux*, 1834.
Blé de Pologne de Varsovie. — *M. Pommier*, 1836.
Syra. — *M. de Gourcy*, 1840.
Devonshire. — *M. Rhom*, 1841.
Froment blanc indigène de M. Janssens. — *Exposition belge*, 1847.

SECTION 4.

Épi dressé, assez lâche, axe assez prononcé ; glumes étroites et plus serrées que dans les trois Sections précédentes ; feuillage moins ample qu'elles ; tiges dégarnies de feuilles dans leur moitié supérieure ; grain blanc, moyen. (Variétés hâtives et Blés de février.)

Blé de HUNTER, *Bon Jardinier*, 1843, p. XXVII. — *M. Lawson*, 1839.
Uxbridge. — *M. de Gourcy*, 1841.
Priory, *Bon Jardinier*, 1843, p. XXVII. } *Idem.*
Mungowell, *Bon Jardinier*, 1843, p. XXVII. }
JERSEY DANTZICK. } *M. Lecouteur*, 1841.
Chiddam prize. }
White Scotch, Blé blanc écossais. — *M. de Gourcy*, 1841.

Section 5.

Épi demi-serré, pyramidé, sans rigole prononcée, long, presque toujours un peu courbé ; grain gros, court, blanc ; feuilles larges et fortes.

White Essex, Blé blanc d'Essex.	*M. Lawson*, 1839.
Blé anglais de Bricquebec.	*M. Feuillet*, 1843.
Battewell Suffolk.	*M. Rham*, 1840.
Lord Western.	*M. de Gourcy*, 1840.
Oxford prize blanc.	*Idem.*
Hardy white.	*Idem.*

Section 6.

Épi serré, dressé, presque toujours droit, pyramidé ; balle courte ; grain gros, jaunâtre ; feuilles larges, vertes.

Rouge d'Essex. Blé rouge d'Essex à balles blanches. Froment de Rham (Belgique).	*M. Rham*, 1836.
Hickling's prolific.	*M. Rham*, 1840.
Chiddam.	*M. de Gourcy*, 1841.
Foak's white.	*Idem.*
Brodies red seed.	*Idem.*
Red straw white.	*Idem.*
Salmon (de Gourcy).	*Idem*, 1840.
Blé Suisse de M. de Sainville.	*M. de Sainville*, 1848.
Somon ou Pomon (St-Valéry-en-Caux).	*M. de Ste-Colombe*, 1839.
Saumon.	*M. Monnot-Leroy*, 1849.

Section 7.

Épi serré, compacte, à faces sensiblement égales, tronqué et souvent renflé du haut, court ; épillets élargis ; balles courtes, serrées ; grain blanc, court, moyen.

Blé de Hongrie, *Bon Jard.*, 1850, p. 521.	*Anc. coll.*
Blé blanc de Hongrie, *Maison rust.*, n° 5.	
Blé anglais des environs de Blois.	*M. Deloyne*, 1833.
Blé Chevalier, *Bon Jardinier*, p. 521.	*M. Lawson*, 1839.
Album densum.	*M. Lecouteur*, 1841.
Blé trouvé dans le Tiflis de M. Noisette.	*M. Noisette*, 1839.
Club.	*M. Lecouteur*, 1841.
Blé de Hongrie à épi long.	*École* 1835.

Section 8.

Épi très compacte, renflé du haut ; à faces sensiblement inégales ; l'un des deux profils, très large, forme une face creusée du haut ; courbure sur le sens du profil ; grain moyen, jaunâtre.

Blé Hickling, *Bon Jardinier*, 1850, page 523.	*M. Lawson*, 1836.
Histin.	*M. de Ste-Colombe*, 1839.
Hickling's red.	*M. Lecouteur*, 1841.
Blé de M. de Valcourt.	*M. de Valcourt*, 1845.
Blé à grain jaune, de M. Bazin.	*M. Bazin*, 1842.
Blé du Mesnil.	*Exposition* 1849.
Blé du Mesnil-St-Firmin.	*M. Boizot*, 1845.
Blé de St-Firmin de M. E. Garreau.	*M. E. Garreau*, 1848.
Thickset.	*M. de Gourcy*, 1840.

Section 9.

Épi compacte, presque moitié moins épais sur le profil que sur la face ; épillets à trois ou quatre fleurs, formant avec l'axe un angle presque droit, exactement serrés ou appliqués l'un sur l'autre ; les pointes des balles et des glumes sont courtes, obtuses et comme rongées ; la paille très grosse, dressée, finement cannelée près de l'épi ; l'ensemble de la plante glaucescent.

Blé du Chili.	*M. Muret*, 1833.
Blé du Thibet, de M. Noisette.	*M. Noisette*, 1835.
Hickling à grain blanc.	*M. Galland*, 1841.

Section 10.

Épi très semblable à celui de la Section 6, mais légèrement barbu du haut ; grain jaune ou rougeâtre, souvent glacé.

Blé de Saumur, *Bon Jardinier*, 1850, page 522.	*Anc. coll.*
Blé de St-Laud.	*M. Desvaux*, 1834.
Blé gris (St-Laud).	*M. H. la Pelleterie*, 1846.
Blé Camus (Pontoise).	*M. Darras*, 1842.
Brown Chevalier.	*M. Lecouteur*, 1841.

Section 11.

Épi demi-lâche, courbé sur le plat des épillets, atténué vers la pointe et portant souvent quelques barbes très courtes ; grain jaune, très souvent glacé ; paille flexible, feuille plus fine, plus verte que dans les blés blancs.

Blé de Crépi.	*Anc. coll.*
Froment blanc récolté sur les Côteaux.	*M. Clérisse*, 1838.
Blé Grizard de Douai.	*M. Pierron*, 1834.
Blé d'hiver ordinaire des environs de Paris. *C. V.*	*Anc. coll.*
Blé commun d'hiver à épi jaunâtre, *Maison rustique*, n° 1.	*M. Desvaux*, 1834.
Blé du Cayran (Nérac).	*M. Nolibé*, 1834.
Bladette sans barbes (de Toulouse).	*M. Barthère*, 1834.
Pomeranian wheat.	*M. de Gourcy*, 1841.
Blé de Poméranie, I. - 4.	*Exposition belge*, 1847.
Froment anglais, I. - 19.	*Idem.*
Blé rouge d'Armentières.	*Idem.*
Blé roux d'Armentières.	*Idem.*
Blé de Pays du Gâtinais.	*M. Duchesne*, 1833.
Blé de Revel.	*M. Phillemain*, 1838.
Blé fin de Toulouse.	*M. Barthère*, 1834.
Blé de Carône (Vienne).	*M. de Monthron*, 1834.
Blé Chicot blanc (Caen).	*M. Pasquier*, 1840.
Langley's red.	*M. de Gourcy*, 1841.
Froment blanc indigène, n° 608.	*Exposition belge*, 1847.
Froment, n° 605.	*Idem.*
Froment jaune, I. - 21.	*Idem.*
Froment rouge de pays (Anvers).	*M. Leclercq*, 1847.

Section 12.

Épi lâche, atténué vers la pointe ; quelques petites barbes dans le haut de l'épi ; épillets élargis ; grain petit, rougeâtre, glacé. (Blés de mars.)

Blé de Mars sans barbes ordinaire, *C. V.*	*Anc. coll.*
Froment de Mars blanc sans barbes, *Maison rustique*, n° 2.	
Blé de Mars de Douai.	*M. Pierron*, 1834.
Blé blanc sans barbes de Toscane.	*M. Loudon*, 1836.
Blé de Mars élevé.	*M. Desvaux*, 1834.
Blé Jouannet.	*M. Creuzé Delessert*, 1834.

Blé de Mars Bazin.	*M. Bazin*, 1842.
Blé de Mars sans barbes (ancien) des environs de Paris.	*Anc. coll.*
Blé de Mars nain.	*M. Desvaux*, 1834.
Blé Fellemberg, *Maison rustique*, n° 6.	*Anc. coll.*
Touzelle blanche.	*M. Seringe*, 1832.
Blé Pictet, *Maison rustique*, n° 5 et *Bon Jardinier*, p. 521.	*Anc. coll.*
Blé Gagarin.	
Blé à courtes barbes, de M. Gorie.	*M. London*, 1836.

Section 13.

Épi très lâche, effilé ; axe gros, saillant ; balles et glumes allongées et aiguës ; feuilles très glauques ; ligules rouges dans quelques variétés.

Touzelle blanche, *Maison rustique*, n° 8.	*Anc. coll.*
Touzelle anone (Nice).	*M. Risso*, 1832.
Touzelle ou Tuzelle blanche de Provence, *Bon Jardinier*, 1850, p. 521.	*M. Pommier*, 1836.
Touzelle blanche de Mars.	*M. C. Beauvais*, 1840.
Blé américain de M. Murray.	*Soc. d'agriculture*, 1847.
Blé de M. Chasseriau.	*Idem*, 1839.
Blé Suisse.	*M. Rabourdin*, 1847.
Red Straw winter wheat.	*M. Wattemare.*

Section 14.

Épi très long, lâche, ne diminuant pas notablement de largeur par le haut ; axe gros, apparent ; balles et glumes tronquées, cette dernière terminée par une dent obtuse ; feuillage des touzelles. (Blés de mars.)

Golden drop blanc.	*M. de Gourcy*, 1840.
Spring Talavera.	*Idem.*
Talavera de Bellevue, *Bon Jardinier*, 1843, xxviii, et 1850, p. 522.	*M. Lawson*, 1839.
Blé d'Espagne de mars, *Bon Jardinier*, 1850, p. 522.	
Blé d'Espagne (Nord).	*M. Pierron*, 1841.
Blé d'Espagne (Somme).	*M. Pinta*, 1841.
Pale red Cape (Rouge pâle du Cap).	*M. Lecouteur*, 1841.
Blé blanc de Kœningsberg.	*Exposition belge*, 1847.

Broad leaf Cape (Blé du Cap à large feuille). *M. Lecouteur*, 1841.
Blé du Cap sans barbes, *Bon Jardinier*, 1845, xxxi, et 1850, p. 522.

Section 15.

Épi court, très effilé ; balles acuminées, couvrant incomplétement le grain ; les fleurs du haut de l'épi avortent presque toujours ; feuilles blondes, très dressées.

Blé Chinois (Man-zi). *M. Hotts, de Moscou*, 1834.

Section 16.

Épi lâche, axe en partie apparent, presque toujours fléchi sur le sens de la face et plus ou moins contourné ; glumes et balles longues, mais s'appliquant exactement sur le grain, terminées par des pointes courtes et très fortement recourbées en dedans ; quelques rudiments de barbes en haut de l'épi ; feuillage large, un peu glauque.

Richelle blanche de Naples, *Maison rustique*, n° 9, et *Bon Jardinier*, 1850, p. 521. *Anc. coll.*
Blé blanc de Rome, Grano bianco. *M. Doucien*, 1842.
Richelle blanche de Provence. *M. Reynier*, 1838.
Richelle rouge de Naples. *Idem*, 1839.
Blé d'Australie. *M. Lawson*, 1839.

Section 17.

Épi court, tasse, à glumes courtes et de la même couleur que les balles, très obtuses et presque sans aucun prolongement ; les balles sont terminées par un crochet assez court, obtus et très fortement recourbé en dedans, qui s'allonge cependant un peu à l'extrémité supérieure de l'épi ; feuillage d'une ampleur remarquable, vert foncé, très dressé.

Blé de la Chine.
Blé de l'Inde. } *M. Reynier*, 1839.

Section 18.

Épi prismatique, presque droit, demi-serré, blanc, vein ; grain blanc, moyen ; feuilles nombreuses, larges, vertes.

Blé de Haie, *Bon Jardinier*, 1850, p. 523. *Anc. coll.*
Blé de Haie ou Froment blanc velouté, *Maison rustique*, n° 11.
Tunstall, *Bon Jardinier*, p. 523. *M. Sam. Taylor*, 1838.
Triticum Kœleri. *M. Lecouteur*, 1841.

Blé de Haie hâtif.	*M. Desvaux*, 1834.
Blé de Haie rouge.	*Idem.*

Section 19.

Épi lâche, de couleur fauve-clair ; épillets formant avec l'axe un angle aigu ; glumes allongées, terminées par une pointe obtuse incurvée ; balles terminées dans le bas de l'épi par un crochet court qui dégénère plus haut en une petite barbe contournée ; grain long, d'un blanc jaunâtre, de très belle qualité ; paille fine, assez raide, mais souvent coudée dans le bas.

Blé d'Odessa sans barbes, *Maison rustique*, nº 10, et *Bon Jardinier*, 1850, page 521.	*M. Bonfils*, 1833.
Blé d'Alger, *Bon Jardinier*, 1850, p. 522.	*M. C. Beauvais*, 1834.
Blé Meunier (Vaucluse), *Bon Jardinier*, 1850, p. 522.	*M. Reynier*, 1839.
Richelle de mars.	*Grignon*, 1836.
Richelle de Grignon.	
Touzelle de Provence.	*M. Pommier*, 1836.
Richelle de Provence.	*M. Reynier*, 1839.

Section 20.

Épi long, effilé, rouge-clair, lâche ; balles souvent surmontées d'une petite arête ; grain rouge-clair, glacé ; paille jaune, assez ferme.

Marselage.	*M. Desvaux*, 1834.
Blé Montrosier.	*M. Reynier*, 1840.
Blé d'Akermarck.	*Exposition belge*, 1847.
Blé rouge de Bretagne.	*M. O. Leclerc Thouin*, 1841.
Blé Raton.	
Marselage grisâtre.	*M. Desvaux*, 1834.
Blé rouge de la Manche.	*M. Desmares*, 1835.
Froment roux de pays, de M. Van Isterdaël.	*Exposition belge*, 1847.
Chicot rouge de Caen.	*M. Pasquier*, 1840.
Blé Petit rouge Desvaux.	*M. Desvaux*, 1834.
Blé Rouge Touzard.	*M. Feuillet*, 1843.
Red Britannia.	*M. de Gourcy*, 1841.
Blé de la Nouvelle-Zélande A.	*Jard. des Plantes*, 1842.

Section 21.

Épi rouge, effilé, demi-lâche, retombant, souple; grain rougeâtre, tendre ou demi-tendre; paille jaune, assez forte.

Blé de Rampillon.	*M. Garnaux*, 1839.
Froment rouge de M. Van Malders.	*Exposition belge*, 1847.
Froment rouge.	*Idem.*
Blé rouge des environs de Paris, *C. V.*	*Anc. coll.*
Froment rouge ordinaire sans barbes, *Maison rustique*, n° 12.	
Blé rouge des Vosges (de Roville).	*M. de Dombasle*, 1840.
Blé rouge sans barbes d'Alsace.	*M. Desvaux*, 1834.
Touzelle rouge, de Bergerac.	*Mme Ve Poujet*, 1834.
Blé rouge de M. de Sainville.	*M. de Sainville*, 1845.
Blé Lammas, *C. V.*	*Anc. coll.*
Blé Lammas, blé rouge anglais, *Maison rustique*, n° 13.	
Blé Joannet de Châtellerault.	*M. Creuzé Delessert*, 1834.
Blé anglais (Caen).	*M. Pasquier*, 1840.
Blé grand rouge.	*M. Desvaux*, 1834.
Blé de Rostoff.	*Exposition belge*, 1847.

Section 22.

Épi demi-lâche, long, souvent infléchi sur le sens de la face; épillets très élargis, souvent à cinq fleurs, ce qui donne à l'épi une plus grande largeur sur la face que sur le profil; grain jaune ou rouge, tendre; paille forte, dressée, très grosse, mais creuse.

Red kent.	*M. Lawson*, 1839.
Short straw red.	*M. de Gourcy*, 1840.
Blé de Saint-Brieuc.	*M. Baron du Taya*, 1843.
Froment de M. Vandenbremt.	*Exposition belge*, 1847.
Golden drop.	*M. Loudon*, 1836.
Red Marygold, *Bon Jardinier*, 1843, XXVII.	*M. Rham*, 1841.
Blood red, *Bon Jardinier*, 1843, XXVII.	*M. Lawson*, 1839.
Blé Rouge d'Écosse.	*M. de Ste-Colombe*, 1839
Blé Rouge anglais.	*M. Laillier*, 1844.
Syer's red.	*M. Lecouteur*, 1841.
Clover wheat, *Bon Jard.*, 1843, XXVII.	*Lord Spencer*, 1842.
Oxford red.	*M. Rham*, 1840.
Blé Tibbold.	*M. John River's*, 1846.

Striped chaff, *Bon Jardinier*, 1843, XXVII. Blé à balles panachées.	*M. Loudon*, 1836.
Red chaff Dantzick, *Bon Jardinier*, 1843, XXVII.	*M. Rham*, 1841.

SECTION 23.

Épi compacte, très serré, pyramidé, offrant plus de largeur sur l'un des profils que sur l'autre, dressé ; épillets à quatre et cinq fleurs, très fortement serrés sur l'axe ; glumes et balles courtes, exactement appliquées sur le grain ; paille très grosse, creuse, dressée.

Blé ROUGE DE LAIGLE.	*Boutique*, 1834.
Blé Pâquet.	*M. Vor Pâquet*, 1849.
Hongrie rouge.	*École* 1838.
Rouge de St-Laud.	*M. O. Leclerc Thouin*, 1840
Rouge de Beaufort.	*Idem.*
Blé gris de Brissac.	*Soc. d'agriculture*, 1847.

SECTION 24.

Épi très court, carré, serré, obtus du sommet, très glauque ; paille droite, ferme ; grain rougeâtre, glacé.

Blé CARRÉ DE SICILE, *C. V.*	
Blé de Mars carré de Sicile, *Maison rustique*, n° 16, et *Bon Jard.*, 1850, p. 524.	*Anc. coll.*
Blé carré de mars à épi blanchâtre.	*M. Desvaux*, 1834.
Blé de Crète, Seringe.	*M. Seringe*, 1832.
Blé Mottu de Crète.	*Anc. coll.*
Blé de Phalsbourg (Teissier).	*Encyclop. méthodique.*

SECTION 25

Épi lâche, effilé, souple, balles et glumes allongées et terminées souvent en demi-barbes vers le haut de l'épi ; grain rouge-clair, glacé. (Blés de mars.)

Blé de MARIANOPOLI, *Bon Jardinier*, 1840, XXXV, et 1850, p. 523. Taganrock tendre.	*M. Reynier*, 1839.
Blé de Mars rouge sans barbes, *Maison rustique*, n° 14, *Bon Jard.*, p. 523.	*Anc. coll.*

Section 26.

Axe gros, apparent ; épillets élargis ; glumes et balles allongées, effilées, très raides ; grain rouge, long, glacé ; paille raide, courbée, demi-pleine.

Blé du Caucase rouge sans barbes, *Maison rustique*, n° 15.	*Anc. coll.*
Blé du Languedoc (Basses-Pyrénées).	*M. Clérisse*, 1838.
Touzelle rouge de Provence.	*M. Pommier*, 1837.

Section 27.

Epi quadrangulaire, aplati sur le sens de la face ; épillets élargis ; glumes et balles velues ; grain blanc, feuilles blondes.

Blé de Crète, *C. V.*	*Ancienne collection.*
Blé Rouge velu de Crète, *Maison rust.*, n° 17.	
Blé velu de Crète, *Bon Jard.*, 1850, p. 524.	*M. Desvaux*, 1834.
Blé Lammas velouté.	*Ecole* 1836.
Blé velu de la Manche.	*Idem.*

B. — Variétés barbues.

Épi barbu, présentant sa plus grande largeur dans le sens de la face des épillets, et généralement fléchi dans le même sens jamais dans celui du profil ; barbes divergentes dans le plan des épillets, et persistantes ; paille creuse ou quelquefois demi-pleine dans le haut.

Section 28.

Epi lâche ; épillets cunéiformes, très aplatis sur le sens de la face ; glumes et balles allongées ; barbes longues, divergentes, un peu flexueuses ; grain jaune ou rougeâtre ; paille creuse, assez souple.

Blé Barbu d'hiver ordinaire.	*Anc. coll.*
Franc blé, de la Seine-Inférieure.	*M. Olivier*, 1836.
Blé fin, de Nérac.	*M. Nolibé*, 1838.
Blé de pays (Châtellerault).	*M. Creuzé Delessart*, 1834.
Blé doré barbu (Aveyron).	*M. Richard*, 1836.
Blé de St-Nectaire (Puy-de-Dôme).	*M. Girard*, 1837.
Blé barbu, franc blé à barbes (Caen).	*M. Pasquier*, 1840.

Blé barbu de l'Ardèche. — *M. Jacquemet - Bonnefond*, 1836.

Blé barbu de Champagne. — *M. Garnaux*, 1839?

Section 29.

Épi lâche ; épillets élargis du bas et laissant apercevoir une portion de l'axe ; glumes et balles allongées ; barbes longues, divergentes, très raides ; grain généralement blanc et tendre ; paille demi-pleine, courbée, raide.

Blé de Roussillon. — *M. Barthère*, 1834.
Saisette de Tarascon.
Siaisse d'Agde ou de Beziers.
Siaisse blanche (Marseille). — *M. Pommier*, 1836.
Siaisse rouge (Marseille).
Siaisse d'Arles.
Saisette d'Arles. — *M. Reynier*, 1840.
Narbonne blanc (Marseille).
Narbonne rouge (Marseille). — *M. Pommier*, 1836.
Bladette barbue mâle, de Toulouse. — *M. Barthère*, 1834.
Bladette de Castelnaudary. — *M. Reynier*, 1839.
Blé Razé ou Bladette (Toulouse).
Blé d'Ancône. — *M. Reynier*, 1840.
Blé de Padoue. — *Idem.*
Blé de Romagne. — *Idem.*
Blé brun d'Heidenberg. — *Exposition belge*, 1847.

Section 30.

Épi demi-serré ; épillets à trois fleurs, élargis du bas ; barbes très divergentes, fines ; paille fine, courbée, très creuse et souple. (Blés de mars.)

Blé de Mars barbu ordinaire. — *Anc coll.*.
Blé de Toscane. — *Idem.*
Grano Marzuolo. — *M. Grelley*, 1848.
Blé de Sibérie. — *M. Warden*, 1839.
Trémois de Beaufort. — *M. O. Leclerc Thouin*, 1841.

Touzelle blanche barbue. — *M. Seringe*, 1832.
Blé de Mars de la Manche. — *M. Desmares*, 1835.

Blé de Victoria ou de 70 jours, *Bon Jardinier*, 1850, p. 525. — *M. Loudon*, 1836.
Blé de la Trinité. — *M. Noble*, 1836.
Blé de Carracas. — *M. Pasquier*, 1840.
Blé des Iles Barbades. — *Soc. d'agr.*, 1841.

Section 31.

Épi lâche, axe gros; épillets cunéiformes; balles et glumes très allongées; fortement appliquées sur l'axe; balles longues, raides; grain blanc, allongé, tendre; paille presque pleine, très dure.

Blé du Caucase barbu. — *Anc. coll.*
Blé barbu de Naples. — *M. Desvaux*, 1834.
Richelle barbue.
Richelle rouge. — *M. Darblay*, 1834.
Blé du Caucase amélioré. — *Ecole* 1835.
Blé du Cap. — *Anc. coll.*
Blé barbu Pictet (Desvaux). — *M. Desvaux*, 1834.

Section 32.

Épi très compacte, prismatique, égal sur les deux faces; épillets à cinq fleurs, très serrés; barbes courtes, fines, nombreuses, divergentes; grain court, arrondi, rougeâtre, tendre; paille grosse, très creuse, dressée.

Blé Hérisson. — *M. Seringe*, 1832.
Blé barbu compacte. — *M. Desvaux*, 1834.
Blé Hérisson brun. — *Idem.*
Blé Hérisson court. — *Ecole* 1833.
Flander's short eared. — *M. de Gourcy*, 1840.
Blé Hérisson blanc. — *Ecole*, 1841.
Tiflis nº 2. — *M. Reynier*, 1839.
Blé Hérisson rouge. — *Ecole* 1839.
Blé Hérisson roux.
Blé Tiflis, de M. Reynier. — *M. Reynier*, 1839.
Blé d'Odessa épi court barbu. — *Anc. coll.*

Section 33.

Épi lâche, axe apparent; épillets à deux ou trois fleurs, un peu renflés du bas; barbes très fines, divergentes; grain rouge-clair, demi-glacé; paille très creuse et très souple.

Froment d'automne rouge barbu. — *M. Odart*, 1836.
Blé rouge barbu de la Manche. — *M. Desmares*, 1835.
Froment rouge barbu du Gâtinais. — *Anc. coll.*

Blé de MARS ROUGE BARBU.	
Blé d'Odessa rouge barbu.	*Anc. coll.*
Blé d'Odessa tendre (Marseille).	*M. Reynier*, 1839.
Blé de la Chine.	*M. Laquesnerie*, 1834.
Touzelle rouge barbue.	*M. Seringe*, 1832.
Blé de Victoria, de M. Gillet de Grammont.	*M. Gillet de Gram.*, 1836
Blé de Mai (Vienne).	*M. de Montbron*, 1834.
Blé de Mai (Aisne).	*M. Hourdequin*, 1843.
Blé de Mai (Bagnols).	*M. Lédemé*, 1842.

SECTION 34.

Épi lâche, rouge, barbu, velu ; paille creuse.

Ble barbu velu de la Manche.	*Ecole*, 1837.

II. — TRITICUM TURGIDUM.

Épi carré ou aplati dans le sens du profil des épillets, qui sont courts, renflés et plus larges que hauts; glumes ventrues, tronquées brusquement au sommet, terminées par une pointe courte, arquée, aiguë ; carène saillante sur toute la longueur, fortement courbée vers la base de la glume; balles renflées, courtes, s'appliquant sur le grain; barbes longues, disposées parallèlement à l'axe de l'épi, souvent caduques; grain gros, bossu ou voûté; paille dure et pleine, surtout au sommet, le plus souvent courbée dans sa portion supérieure.

SECTION 35.

Épi blanc, plus large sur le profil que sur la face, serré ; glumes appliquées sur la balle, très glauques, et différant en cela de la balle dont la couleur est fauve-clair et presque glabre ; grain moyen, généralement glacé ; paille pleine, recourbée.

POULARD BLANC LISSE (du Gâtinais), Épaule blanche, Épautre blanche.	*Montargis*, 1834.
Poulard blanc du Blaisois.	*M. Deloyne*, 1833.
Blé Poule (Touraine).	*Anc. coll.*
Poulard blanc de Touraine (Limeray).	*M. Boivin*, 1834.
Blé de Taganrock (Vitry-sur-Marne).	*M. Leblanc-Duplessis*, 1831
Blé de Taganrock (Beaumont), Loiret.	*M. Hurel*, 1834.
Blé de Taganrock (Sologne).	*M. Mainville*, 1836.
Blé de Taganrock (Châtellerault).	*M. Creuze Delessert*, 1834

Blé blanc de Châtellerault.	*M. de Montbron*, 1834
Blé sans barbes de Carône (Vienne).	*M. de Montbron*, 1834.
Poulard blanc lisse de Touraine (Cormery), Indre-et-Loire.	*M. Odart*, 1834.
Blé blanc de pays (Vienne).	*M. de Montbron*, 1834.
Aubron blanc (Anjou).	*M. O. Leclerc Thouin*, 1841.
Blé blanc de la Seine-Inférieure.	*M. Olivier*, 1837.
Poulard blanc à épi long, du Gâtinais.	*Anc. coll.*
Blé blanc, gros blé, gros blé blanc (Caen).	*M. Pasquier*, 1840.

Section 36.

Épi gros, carré, presque toujours plus large sur la face que sur le profil ; barbes souvent caduques ; *glumes et balles de la même couleur* ; grain gros, le plus souvent glacé ; paille grosse, pleine.

Blé du Nord.	*Jardin des Plantes*, 1835.
Blé à six cares de Thuré (Vienne).	*M. de Montbron*, 1834.
Poulard d'Hubernac.	*M. Desvaux*, 1834.
Blé de la Mecque.	*M. Phillemain*, 1838.
Poulard blanc à barbes caduques.	*M. Boivin*, 1834.
Blé gris semaine de St-Laud.	*Société centrale d'agriculture*, 1847.

Section 37.

Épi long, lâche ; épillets divergeant quelquefois sur l'axe ; glumes et balles allongées, assez coriaces ; grain gros, plus allongé que dans la généralité des Poulards, tendre.

Pétanielle blanche.	*M. Risso*, 1832.
Poulard blanc de Nice, n° 2.	*Idem.*
Blé de la Mongolie chinoise.	*M. Boissonnade*, 1831.
Garagnon de la Lozère.	*M. Sampigny*, 1833.
Garagnon blanc.	
Garagnon à barbes grises.	*École* 1834.
Garagnon à barbes noires.	
Garagnon noir.	
Blé sorti du Garagnon noir.	

Section 38.

Epi gros, carré, blanc ; glumes et balles velues ; barbes divergentes ; grain gros, glacé

Poulard blanc velu de Touraine.	*M. Odart*, 1836.
Poulard blanc velu à barbes caduques.	*M. Creuzé Delessert*, 1844.
{ Aubaine blanche.	*M. Rolland*, 1837.
{ Blé de M. Decaze.	*Société d'agr.*, 1839.
Peyrés blanc.	*M. Nolibé*, 1834.
Poulard blanc velu du Gâtinais.	*M. Duchesne*, 1834.
Poulard blanc velu de M. de Sainville.	*M. de Sainville*, 1840.

Section 39.

Epi rouge, glabre, lâche, présentant plus de largeur sur le profil des épillets que sur leur face ; barbes souvent caduques.

{ Blé Poulard rouge lisse (du Gâtinais), Épeaule rouge.	*M. Duchesne*, 1834.
{ Blé Poulard rouge lisse d'Auvergne.	*M. Jaloustre*, 1845.
Plat géant.	*M. Desvaux*, 1834.
Blé gris (Seine-Inférieure).	*M. Olivier*, 1837.
Blé Cochon, gros blé, gros blé gris (Caen).	*M. Pasquier*, 1840.
Poulard blond lisse.	*Ecole* 1836.
{ Blé d'Anjou à barbes caduques.	*M. de Montbron*, 1834.
{ Blé rouge de Thuré.	*Idem.*
Blé de la Nouvelle-Zélande D.	*Jardin des Plant.*, 1842.

Section 40.

Epi gros, carré, présentant généralement sa plus grande largeur sur la face des épillets ; barbes souvent caduques ; paille très grosse, retombante.

Poulard gros rouge.	
Poulard rouge lisse à épillets élargis (Limagne).	*M. Girard*, 1835.
{ Poulard rouge lisse de Beauce.	{ *M. Aubé*, 1840.
{ Poulard de Beauce à barbes caduques.	
Blé doré.	*M. Bourgeois*, 1839.

Section 41.

Épi long, carré ou plus large sur le profil des épillets, prismatique, roux ; glumes et balles velues ; barbes divergentes ; grain gros, généralement glacé.

Poulard roux velu (Cormery), *M. R.* nº 28.	*M. Odart*, 1834.
Blé Mitadin.	*M. Reynier*, 1839.
Gouttières (Nérac).	*M. Nolibé*, 1834.
Poulard d'Auvergne à épi long.	*M. Girard*, 1835.
Blé de M. Girard, nº 4.	*Idem.*
Gros Poulard d'Auvergne (M. Girard nº 6).	*Idem.*
Poulard roux velu de Beauce.	*M. Aubé*, 1836.
Nonette (de Lausanne), *Bon Jard.* 1850, p. 526.	*M. Barraud*, 1836.
Blé Géant de Sainte-Hélène, *M. R.* nº 30.	*M. Noisette*, 1836.
Blé de La Mecque (Desvaux).	*M. Desvaux*, 1834.
Blé de La Mecque (Meurthe).	*M. Husson d'Ossonville*, 1849.
Blé de Dantzick.	*M. Desvaux*, 1834.

Section 42.

Épi carré ou plus large sur la face des épillets, pyramidé ; glumes et balles velues ; barbes quelquefois caduques ; grain moyen, glacé.

Gros blé de Montauban.	*M. Lecun*, 1836.
Grossagne de Sifflard (Nérac).	*M. Nolibé*, 1834.
Renflé sans barbes.	*M. Desvaux*, 1834.
Gouâpe, de Maine-et-Loire.	
Grossaigne, des Basses-Pyrénées.	*M. Clérisse*, 1838.
Grossagne Mautezin.	*M. Nolibé*, 1834.
Gros Turquet, *Maison Rustique* nº 29.	*Anc. coll.*
Turquet à six rangs.	
Grossaille, de la Gironde.	*M. Allègre*, 1834.
Poulard Barthère.	*M. Barthère*, 1834.
Bladette de Ducous.	*M. Nolibé*, 1834.
Blé Brousse.	*M. Richard*, 1834.

Section 43.

Épi très serré, compacte ; épillets à cinq et six fleurs ; glumes et balles courtes, très velues, appliquées sur le grain ; barbes souvent caduques ; paille très grosse.

Blé d'Égypte.	*M. Pierron*, 1835.
Poulard carré (Amiens).	*M. Quevreux*, 1835.
Gros Poulard carré du Puy-de-Dôme.	*M. Bardonnet*, 1835.
Poulard carré d'Auvergne.	*M. Girard*, 1835.
Blé espagnol barbu.	*M. Clérisse*, 1838.
Blé Espagnol sans barbes.	*Idem.*
Blé Lubernac (Vendôme).	*M. Phillemain*, 1838.

Section 44.

Épi gros, généralement serré ; balles et glumes bleuâtres ou noires, très velues ; grain gros, le plus souvent jaunâtre et tendre.

Poulard bleu, *Maison Rustique* n° 32.	*Anc. coll.*
Bleu Rivet (Angleterre).	
Bleu conique (Angleterre). *C. V.*	
Blé à barbes et balles violettes.	*M. Audibert*, 1832.
Pétanielle noire de Nice, *Bon Jard.* 1850, p. 526 et *Maison Rrustique* n° 33.	*M. Risso*, 1833.
Grano moro (Rome).	*M. Doncien*, 1844.
Blé bleu d'Afrique (Bergerac).	*Mme Ve Poujet*, 1834.
Brousse bleuâtre (Aveyron).	*M. Richard*, 1834.
Taganrock noir.	*M. de Montbron*, 1834.
Poulard brun de la Vienne.	

Section 45.

Épi composé ; grain tendre ; paille pleine, ondulée au-dessous de l'épi.

Froment plat rameux.	*M. Desvaux*, 1834.
Épeautre rameux.	*M. Doncien*, 1844.
Blé de Miracle, *Bon Jard.* 1850, p. 526.	*Anc. coll.*
Blé d'Abondance.	*M. Boivin*, 1834.
Blé Monstre (Annonces).	
Blé de Smyrne.	
Blé rameux jaune.	*M. Desvaux*, 1834.
Blé rameux rouge.	*Idem.*

III. — TRITICUM DURUM.

Épi pyramidé, presque cylindrique ou aplati sur le profil ; épillets étroits, allongés ; glumes dures, très peu renflées, terminées par une dent aiguë ; carène très saillante sur toute la longueur de la glume, faiblement et uniformément courbée ; barbes très longues, persistantes, très fortes et divergentes, excepté dans les variétés à épi plat ; grain long, triangulaire, presque toujours glacé.

SECTION 46.

Épi allongé ; jaune ou rouge ; paille retombante.

Variété	Provenance
{ TRIMENIA, *B. J.*, 1850, p. 527 et *M. R.* nº 34.	*Anc. coll.*
{ Tr. Durum (Desfontaines).	*Jardin des Pl.*, 1835.
{ Blé dur de Vendôme.	*M. Phillemain*, 1838.
Blé de Manfredonia.	*M. Robert*, 1837.
Blé de Mogador.	*M. Jomard*, 1840.
Blé de Mai, de M. Darblay.	*M. Réaume*, 1846.
{ Blé de Xérès, *Bon Jard.* 1850, page 528.	} *M. Desvaux*, 1834.
{ Plat de Xérès.	}
{ Triticum fastuosum.	} *M. Gueyrard*, 1836.
{ Blé d'Espagne.	}
AUBAINE ROUGE, *Bon Jard.*, 1850, p. 527.	*M. Rolland*, 1835.
Blé Rouge d'Égypte.	*Anc. coll.*
Taganrock noir.	*M. Desvaux*, 1834.

SECTION 47.

Épi court, élargi, dressé ; paille raide.

Variété	Provenance
{ TAGANROCK BLANC A BARBES NOIRES.	*M. Audibert*, 1834.
{ Blé du Bengale (Vendôme).	*M. Phillemain*, 1838.
{ GROS TAGANROCK.	} *M. Desvaux*, 1834.
{ Plat étalé.	}
Blé d'Alexandrie.	*M. Reynier*, 1839.
{ Blé d'Ismaël (Marseille), *B. J.*, p. 528.	*M. Reynier*, 1839.
{ Froment Tripet.	*M. L. Deslongchamps*, 1839.

Section 48.

Épi aplati sur le sens du profil; glumes et balles tellement serrées sur le grain que l'axe se brise souvent au battage, à la manière des Épeautres; barbes assez courtes; paille pleine.

Froment plat blanc.	*M. Desvaux*, 1834.
Froment plat roux.	*Idem.*
Plat noir trouvé dans le plat roux.	*École* 1837.
{ Plat compacte. / Amidonnier compacte Seringe.	{ *M. Seringe*, 1832.

IV. — TRITICUM POLONICUM.

Épi long; glumes très longues, sans arêtes terminales; balles très longues; barbes faibles; grain très long, glacé; paille pleine.

Section 49.

{ Blé de Pologne ordinaire, *B.J.* 1850, p. 527. / Blé de Mogador, *Maison Rustique* n° 35.	*Anc. coll.*
Pologne devenu tendre.	*École* 1834.
{ Pologne compacte.	*M. Desvaux*, 1834.
{ Blé d'Alger, du général Galbois.	*Soc. d'agriculture*, 1840?

V. — TRITICUM AMYLEUM.

Épi comprimé, barbu, retombant; axe fragile; épillets étroits, à deux grains, régulièrement imbriqués sur deux rangs; paille creuse; feuilles veloutées.

Section 50.

{ Amidonnier blanc, *Bon Jard.* 1850, p. 528. / Épeautre de mars (Alsace) *M. R.* n° 38.	*Anc. coll.*

Amidonnier blanc de M. Seringe.	*M. Seringe*, 1832.
Amidonnier faux Engrain.	*M. Desvaux*, 1834.
Amidonnier roux.	*M. Seringe*, 1832.
Amidonnier élevé.	*M. Desvaux*, 1834.
{ Amidonnier noir. { Engrain brun.	*M. Audibert*, 1832.

VI. — TRITICUM MONOCOCCUM.

Épi barbu, dressé, très aplati, composé de deux rangées d'épillets très resserrés et à un seul grain; axe de l'épi fragile; paille creuse, très droite.

Section 51.

{ Engrain commun (du Gâtinais), *M. R.* nº 39. Froment Locular. Petite Épeautre, *Bon Jard.* 1850, p. 528. Engrain prolifère (Risso).	*Anc. coll.* *M. Risso*, 1833.

VII. — TRITICUM SPELTA.

Épi long et grêle, dressé, à épillets écartés, laissant l'axe à nu dans leurs intervalles; glumes épaisses, coriaces, tronquées; axe de l'épi gros, fragile; balles renfermant exactement le grain; paille creuse, dressée.

A. — *Variétés sans barbes.*

Section 52.

{ Épeautre blanche sans barbes, *B. J.* p. 528. { Épeautre commune, *Maison Rust.* nº 56.	*Anc. coll.*
Épeautre blonde ou dorée.	*Idem.*
Épeautre rousse à épi grêle.	*M. Seringe*, 1832.
Épeautre rose imberbe.	*M. Philippar*, 1831.

B. — *Variétés barbues.*

SECTION 53.

ÉPEAUTRE BLANCHE BARBUE, *B.J.*1850,p.528. Triticum Bengalense.	*M. Loudon*, 1836.
Épeautre blanche barbue.	*M. Philippar*, 1841.
Épeautre noire barbue, *Mais. Rust.* n° 37.	*M. Seringe* 1832.
Épeautre bleue barbue.	*M. Philippar*, 1841.
Épeautre grise barbue.	*Idem.*
Épeautre rose barbue.	*Idem.*

LISTE SYNONYMIQUE

PAR ORDRE ALPHABÉTIQUE.

Blé d'Abondance (Touraine), *V.* Blé de Miracle.
Blé d'Akermarck (Belgique), cfr. Montrosier.
Album densum (Lecouteur), *V.* Hongrie.
Blé d'Alexandrie, cfr. Gros Taganrock.
Blé d'Alger (M. Camille Beauvais), *V.* Odessa sans barbes.
Blé d'Alger, du général Galbois, *V.* Pologne compacte.
Blé Américain, de M. Murray, cfr. Touzelle blanche.
Amidonnier blanc, Section 50.
Épeautre de Mars (Alsace).
Amidonnier blanc, Seringe.
Amidonnier compacte (Seringe), *V.* Plat compacte.
Amidonnier élevé, cfr. Amidonnier roux.
Amidonnier faux Engrain, S. 50.
Amidonnier noir, S. 50.
Engrain brun.
Amidonnier roux, S. 50.
Amidonnier élevé.
Blé d'Ancône, cfr. Roussillon.
Blé Anglais (Caen), *V.* Lammas.
Froment Anglais (I.-19 coll. belge), cfr. Crépi.
Blé Anglais, de Bricquebec, *V.* White Essex.
Blé Anglais, des environs de Blois, *V.* Hongrie.
Blé Anglais voisin du Talavera (Desvaux), *V.* Talavera.
Blé d'Anjou à barbes caduques, S. 39.
Aubaine blanche (Gard), cfr. Poulard blanc velu de Touraine.
AUBAINE ROUGE (Gard), S. 46.
Rouge d'Égypte.
Aubron blanc (Anjou), cfr. Poulard blanc lisse.
Blé d'Australie, S. 16.
Froment d'AUTOMNE ROUGE BARBU, S. 33.
Blé rouge barbu de la Manche.
Froment rouge barbu du Gâtinais.

Blé reçu d'Auvergne (M. Girard n° 1), *V.* Flandre.
Blé à balles panachées, *V.* Striped chaff.
Blé des Iles Barbades, *V.* Victoria.
Blé à barbes et balles violettes, cfr. Poulard bleu.
Blé barbu compacte (Desvaux), *V.* Hérisson.
Blé barbu de l'Ardèche, cfr. Blé barbu d'hiver ordinaire.
Blé barbu de Champagne, cfr. Blé barbu d'hiver ordinaire.
Blé BARBU D'HIVER ORDINAIRE, S. 28.
Franc blé, de la Seine-Inférieure.
Blé fin, de Nérac.
Blé de Pays (Châtellerault).
Blé doré barbu (Aveyron).
Blé de St-Nectaire (Puy-de-Dôme).
Blé barbu, franc blé à barbes (Caen).
Blé barbu de l'Ardèche.
Blé barbu de Champagne.
Blé barbu de Naples, cfr. Caucase barbu.
Blé barbu, franc blé à barbes (Caen), *V.* Blé barbu d'hiver ordinaire.
Blé barbu Pictet (Desvaux), *V.* Blé du Cap.
Blé barbu velu de la Manche, S. 34.
Battewell Suffolk (Angleterre), cfr. White Essex.
Blé du Bengale (Vendôme), *V.* Taganrock blanc à barbes noires.
Blé de Bergues, *V.* Flandre.
Bladette barbue mâle de Toulouse, *V.* Roussillon.
Bladette de Castelnaudary, cfr. Roussillon.
Bladette de Ducons (Nérac), cfr. Gros Turquet.
Bladette sans barbes (Toulouse), cfr. Crépi.
Blé blanc (Nord), *V.* Flandre.
Blé blanc (Caen), *V.* Blé blanc de la Seine-Inférieure.
Blé blanc de Châtellerault, cfr. Poulard blanc lisse.
Blé blanc d'Essex, *V.* White Essex.
Blé blanc Écossais, cfr. Jersey Dantzick.
Blé blanc de Hongrie, *V.* Hongrie.
Froment blanc indigène (n° 608 coll. belge), cfr. Blé de Pays du Gâtinais.
Froment blanc indigène de M. Janssens (coll. belge), cfr. Talavera.
Blé blanc de Kœningsberg (Belgique), cfr. Talavera de Bellevue.
Blé blanc de Pays (Vienne), cfr. Poulard blanc lisse.
Blé blanc de Rome, *V.* Richelle blanche de Naples.

Blé blanc de la Seine-Inférieure, S. 35.

Poulard blanc à épi long, du Gâtinais.

Blé blanc, Gros blé, Gros blé blanc (Caen).

Blé blanc du Loudunais, *V.* Flandre.

Blé blanc sans barbes de Toscane, *V.* Blé de Mars sans barbes ordinaire.

Froment blanc velouté, *V.* Blé de Haie.

Blé Blazé ou Blanc Zée (Nord), *V.* Flandre.

Blé bleu d'Afrique (Bergerac), cfr. Pétanielle noire de Nice.

Blé bleu conique (Angleterre), *V.* Poulard bleu.

Bleu Rivet (Angleterre), *V.* Poulard bleu.

Blood red, S. 22.

Rouge d'Écosse.

Rouge anglais.

Syer's red.

Clover wheat.

Oxford red.

Tibbold.

Red Britannia (Angl.), cfr. Chicot rouge de Caen.

Broad leaf Cape (Blé du Cap à larges feuilles), S. 14.

Blé du Cap sans barbes (Bon Jardinier).

Brodies red Seed (Angl.), S. 6.

Red straw white.

Salmon (de Gourcy).

Blé Brousse (Aveyron), cfr. Gros Turquet.

Blé Brousse bleuâtre (Aveyron), cfr. Pétanielle noire de Nice.

Brown Chevalier, cfr. Saumur.

Blé Camus (Pontoise), cfr. Saumur.

Blé du CAP, S. 31.

Blé barbu Pictet (Desvaux).

Blé du Cap sans barbes, *V.* Broad leaf Cape.

Blé du Cap à larges feuilles, *V.* Broad leaf Cape.

Blé de Carône (Vienne), *V.* Blé de Pays du Gâtinais.

Blé sans barbes de Carône (Vienne), cfr. Poulard blanc lisse.

Blé de Carracas, *V.* Victoria.

Blé carré de Mars épi blanchâtre, *V.* Carré de Sicile.

Blé CARRÉ DE SICILE, S. 24.

Blé de Mars carré de Sicile.

Blé carré de Mars à épi blanchâtre.

Blé de Crète, Seringe.

Blé Mottu de Crète.
Blé de Phalsbourg.
Blé du Caucase amélioré, cfr. Caucase barbu.
Blé du CAUCASE BARBU, S. 31.
Blé barbu de Naples.
Richelle barbue.
Richelle rouge.
Blé du Caucase amélioré.
Blé du CAUCASE ROUGE SANS BARBES, S. 26.
Blé du Languedoc (Basses-Pyrénées).
Blé du Cayran (Nérac), cfr. Crépi.
Blé de M. Chasseriau (Rochefort), S. 13.
Blé Chevalier (Angl.), *V.* Hongrie.
Blé Chicot blanc (Caen), *V.* Blé de Pays du Gâtinais.
Blé Chicot rouge de Caen, S. 20.
Blé petit rouge (Desvaux).
Rouge Touzard.
Red Britannia.
Blé de la Nouvelle-Zélande, A.
Chiddam (de Gourcy), cfr. Rouge d'Essex.
Chiddam prize (Lecouteur), cfr. Jersey Dantzick.
Blé du CHILI, S. 9.
Blé du Thibet, de M. Noisette.
Blé de la CHINE, S. 17.
Blé de l'Inde.
Blé de la Chine (Calvados), *V.* Mars rouge barbu.
Blé CHINOIS, S. 15.
Man-Zi.
Chittem, Rham (Angl.), cfr. Flandre.
Clover wheat, cfr. Blood red.
Club, cfr. Hongrie.
Blé Cochon (Caen), cfr. Poulard rouge lisse.
Blé commun d'hiver à épi jaunâtre, cfr. Crépi.
Blé à courtes barbes, de M. Gorie, S. 12.
Blé de CRÉPI, S. 11.
Froment blanc récolté sur les Côteaux (Basses-Pyrénées).
Blé Grizard de Douai.
Blé d'hiver ordinaire des environs de Paris.
Blé commun d'hiver à épi jaunâtre.
Blé du Cayran (Nérac).
Bladette sans barbes (Toulouse).

Pomeranian wheat.
Blé de Poméranie, I.-4, coll. belge.
Froment anglais, I.-19, coll. belge.
Blé rouge d'Armentières, coll. belge.
Blé roux d'Armentières, coll. belge.

Blé de Crète. S. 27.
Blé rouge velu de Crète.
Blé velu de Crète.

Blé de Crète (Seringe), V. Carré de Sicile.
Blé de Dantzick (Desvaux), V. Nonette.
Blé de M. Decaze, cfr. Poulard blanc velu de Touraine.
Devonshire, cfr. Talavera.
Blé doré barbu (Aveyron), V. Blé barbu d'hiver ordinaire.
Blé doré, de M. Bourgeois, cfr. Poulard gros rouge.
Blé dur, de Vendôme, V. Trimenia.
Durum (Desfontaines), V. Trimenia.
Blé Eclips, cfr. Whittington.

Blé d'Égypte, S. 43.
Poulard carré (Amiens).
Gros Poulard carré, du Puy-de-Dôme.
Poulard carré, d'Auvergne.
Blé espagnol barbu.

Engrain commun (du Gâtinais), S. 51.
Froment Locular.
Petite Épeautre.
Engrain prolifère (Risso).

Engrain brun, V. Amidonnier noir.
Engrain prolifère (Risso), V. Engrain commun.
Epeaule blanche (Gâtinais), V. Poulard blanc lisse.
Épeaule rouge, V. Poulard rouge lisse.
Petite Epeautre, V. Engrain commun.
Épeautre blanche (Gâtinais), V. Poulard blanc lisse.

Épeautre blanche barbue, S. 53.
Triticum Bengalense.
Épeautre blanche barbue (Philippar).

Épeautre blanche sans barbes, S. 52.
Épeautre commune.

Épeautre bleue barbue (Philippar), V. Épeautre noire barbue.
Épeautre blonde ou dorée, S. 52.
Épeautre commune, V. Épeautre blanche sans barbes.

Épeautre grise barbue (Philippar), cfr. Épeautre noire barbue.
Épeautre de mars (Alsace), *V.* Amidonnier blanc.
Épeautre noire barbue, S. 53.
Épeautre bleue barbue (Philippar).
Épeautre grise barbue (Philippar).
Épeautre rose barbue (Philippar).
Épeautre rameux (Doncien), *V.* Froment plat rameux.
Épeautre rose barbue (Philippar), cfr. Épeautre noire barbue.
Épeautre rose imberbe, cfr. Épeautre rousse à épi grêle.
Épeautre rousse à épi grêle, S. 52.
Épeautre rose imberbe.
Blé d'Espagne, cfr. Xérès.
Blé d'Espagne de Mars, *V.* Talavera de Bellevue.
Blé d'Espagne de M. Pierron (Nord), *V.* Talavera de Bellevue.
Blé d'Espagne de M. Pinta (Somme), *V.* Talavera de Bellevue.
Blé Espagnol barbu (Basses-Pyrénées), cfr. Blé d'Egypte.
Espagnol sans barbes (Basses-Pyrénées), S. 45.
Blé Lubernac (Vendôme).
Blé Fellemberg, S. 12.
Touzelle blanche Seringe.
{ Blé Pictet.
{ Blé Gagarin.
Blé Fin, de Nérac, *V.* Blé barbu d'hiver ordinaire.
Blé Fin, de Toulouse, *V.* Blé de pays du Gâtinais.
Fireter (Blé blanc de), cfr. Whittington.
Flander's short eared, *V.* Hérisson.
Blé de Flandre, S. 1.
Blé blanc, Blé Blazé, Blé blanc Zée (Nord).
Blé de Berques.
Tiflis de M. Noisette.
Blé blanc du Loudunais.
Blé reçu d'Auvergne (*M. Girard nº 1*).
Chittem.
White Kent.
Schireff's.
Silver drop.
Pearl white.
Blé Perle, Lawson.
Blé Hopetoun.
Foak's white, cfr. Rouge d'Essex.

Franc blé de la Seine-Inférieure, *V.* Blé barbu d'hiver ordinaire.
Franc blé à barbes (Caen), *V.* Blé barbu d'hiver ordinaire.
Froment blanc récolté sur les Côteaux (Basses-Pyrénées), *V.* Crépi.
Froment n° 605 Collection belge, cfr. Blé de Pays du Gâtinais.
Blé Gagarin, cfr. Fellemberg.
Garagnon à barbes grises, cfr. Garagnon de la Lozère.
Garagnon à barbes noires, cfr. Garagnon de la Lozère.
Garagnon blanc, *V.* Garagnon de la Lozère.
Garagnon, de la Lozère, S. 37.
Garagnon blanc.
Garagnon à barbes grises.
Garagnon à barbes noires.
Garagnon noir.
Blé sorti du Garagnon noir.
Garagnon noir, cfr. Garagnon de la Lozère.
Blé sorti du Garagnon noir, cfr. Garagnon de la Lozère.
Blé de Pays du Gâtinais, S. 11.
Blé de Revel.
Blé fin, de Toulouse.
Blé de Carône (Vienne).
Blé Chicot blanc (Caen).
Langley's red (Angl.).
Froment blanc indigène, (n° 608 coll. belge).
Froment (n° 605 coll. belge).
Froment jaune (I.-21 coll. belge).
Froment rouge de Pays (Anvers).
Blé géant d'Eley, cfr. Whittington.
Blé géant de Sainte-Hélène, *V.* Nonette.
Blé de M. Girard n° 4, cfr. Poulard d'Auvergne à épi long.
Golden drop, S. 22.
Red Marygold.
Golden drop blanc, S. 14.
Spring Talavera.
Gouâpe, de Maine-et-Loire, cfr. Gros blé de Montauban.
Gouttières (Nérac), cfr. Poulard roux velu (Cormery).
Blé à grain jaune, de M. Bazin, cfr. Hickling.
Grano bianco (Rome), *V.* Richelle blanche de Naples.
Grano moro (Rome), *V.* Pétanielle noire de Nice.
Blé gris de Brissac, cfr. Rouge de Saint-Laud.
Blé gris de Saint-Laud, *V.* Saumur.

Blé gris (Seine-Inférieure), cfr. Poulard rouge lisse.
Blé gris Semaine de Saint-Laud, cfr. Blé du Nord.
Blé Grizard, de Douai, cfr. Crépi.
Gros blé, Gros blé blanc (Caen), *V.* Blé blanc de la Seine-Inférieure.
Gros blé, Gros blé gris (Caen), *V.* Poulard rouge lisse.
Gros blé de Montauban, S. 42.
  Grossagne de Sifflard (Nérac).
  Blé renflé sans barbes.
  Gouâpe, de Maine-et-Loire.
  Grossaigne, des Basses-Pyrénées.
  Grossagne Mautezin.
Gros Poulard d'Auvergne (Girard nº 6), S. 41.
Grossagne Mautezin (Nérac), cfr. Gros blé de Montauban.
Grossagne de Sifflard (Nérac), cfr. Gros blé de Montauban.
Grossaigne, des Basses-Pyrénées, cfr. Gros blé de Montauban.
Grossaille, de la Gironde, cfr. Gros Turquet.
Blé de HAIE, S. 18.
  Blé de Haie ou Froment blanc velouté.
  Tunstall.
  Triticum Kœleri.
  Blé de Haie hâtif.
  Blé de Haie rouge.
Blé de Haie hâtif, cfr. Blé de Haie.
Blé de Haie rouge, cfr. Blé de Haie.
Hardy white (Écosse), S. 5.
Blé brun d'Heidenberg (Belgique), S. 29.
Blé HÉRISSON, S. 32.
  Barbu compacte.
  Hérisson brun.
  Hérisson court.
  Flander's short eared.
  Hérisson blanc.
  Tiflis nº 2.
  Hérisson rouge.
  Hérisson roux.
  Tiflis de M. Reynier.
  Odessa épi court barbu.
Blé Hérisson blanc, cfr. Hérisson.
Blé Hérisson brun, *V.* Hérisson.
Blé Hérisson court, *V.* Hérisson.

Blé Hérisson rouge, cfr. Hérisson.
Blé Hickling, S. 8.
Histin.
Hickling's red.
Blé de M. de Valcourt.
Blé à grain jaune, de M. Bazin.
Blé du Mesnil.
Blé du Mesnil Saint-Firmin.
Blé de Saint-Firmin, de M. E. Garreau.
Blé Hickling blanc, Hickling à grain blanc, Galland, S. 9.
Blé Hickling's prolific, cfr. Rouge d'Essex.
Blé Hickling's red, cfr. Hickling.
Blé Histin, cfr. Hickling.
Blé d'hiver ordinaire des environs de Paris, cfr. Crépi.
Blé de Hongrie, S. 7.
Blé blanc de Hongrie.
Blé anglais, des environs de Blois.
Blé Chevalier.
Album densum, de M. Lecouteur.
Blé trouvé dans le Tiflis de M. Noisette.
Club.
Blé de Hongrie epi long, S. 7.
Blé de Hongrie rouge, S. 23.
Blé Hopetoun, cfr. Flandre.
Blé de Hunter (Écosse), S. 4.
Uxbridge.
Priory.
Mungowell.
Blé de l'Inde, V. Blé de la Chine.
Blé d'Ismaël (Marseille), cfr. Gros Taganrock.
Froment jaune (I.-21 coll. belge), cfr. Blé de Pays du Gâtinais.
Blé Jersey Dantzick, S. 4.
Chiddam prize.
White Scotch, Blé blanc écossais.
Blé Joannet, de Châtellerault, *V.* Lammas.
Blé Jouannet (Vienne), *V.* Blé de mars sans barbes ordinaire.
Triticum Kœleri, *V.* Blé de Haie.
Blé Lammas, S. 21.
Blé Lammas, blé rouge anglais.
Blé Joannet, de Châtellerault.

Blé anglais (Caen).
Blé grand rouge.
Blé de Rostoff.
Blé Lammas, blé rouge anglais, *V.* Lammas.
Blé Lammas velouté, S. 27.
Blé velu de la Manche.
Langley's red, cfr. Blé de Pays du Gâtinais.
Blé de Languedoc (Basses-Pyrénées), cfr. Blé du Caucase rouge sans barbes.
Froment Locular, *V.* Engrain commun.
Blé du Lord Western, cfr. White Essex.
Blé Lubernac (Vendôme), *V.* Espagnol sans barbes.
Blé de Mai (Aisne), *V.* Mars rouge barbu.
Blé de Mai (Bagnols), *V.* Mars rouge barbu.
Blé de Mai (M. Darblay), cfr. Trimenia.
Blé de Mai (Vienne), *V.* Mars rouge barbu.
Blé dur de Manfredonia, cfr. Trimenia.
Man-Zi, *V.* Blé Chinois.
Blé de Marianopoli, S. 25.
Taganrock tendre.
Blé de Mars rouge sans barbes.
Blé de Mars barbu ordinaire, S. 30.
Blé de Toscane.
Grano Marzuolo (Toscane).
Blé de Sibérie (États-Unis).
Trémois de Beaufort.
Froment de Mars blanc sans barbes (*Maison rustique*, nº 2), *V.* Mars sans barbes ordinaire.
Blé de Mars carré de Sicile, *V.* Carré de Sicile.
Blé de Mars, de M. Bazin, cfr. Blé de Mars sans barbes ordinaire.
Blé de Mars de Douai, *V.* Blé de Mars sans barbes ordinaire.
Blé de Mars élevé, *V.* Blé de Mars sans barbes ordinaire.
Blé de Mars de la Manche, S. 30.
Blé de Mars nain, cfr. Blé de Mars sans barbes ordinaire.
Blé de Mars rouge barbu, S. 33.
Odessa rouge barbu.
Odessa tendre (comm. de Marseille).
Blé de la Chine (Calvados).
Touzelle rouge barbue.
Victoria (Gillet de Grammont).

Blé de Mai (*Vienne*).
Blé de Mai (*Aisne*).
Blé de Mai (*Bagnols*).

Blé de Mars rouge sans barbes, cfr. Marianopoli.

Blé de MARS SANS BARBES ORDINAIRE, S. 12.
Froment de Mars blanc sans barbes (Maison rustique, nº 2).
Blé de Mars de Douai.
Blé blanc sans barbes de Toscane.
Blé de Mars élevé.
Blé Jouannet (Vienne).
Blé de Mars, de M. Bazin.
{Blé de Mars sans barbes ancien, des environs de Paris.
{Blé de Mars nain.

Blé de Mars sans barbes ancien, des environs de Paris, cfr. Blé de Mars sans barbes ordinaire.

MARSELAGE, S. 20.

Marselage grisâtre, V. Blé rouge de Bretagne.

Marzuolo (Grano) (Toscane), cfr. Mars barbu ordinaire.

Blé de la Mecque (Vendôme), *V.* Blé du Nord.

Blé de la Mecque (Desvaux), *V.* Nonette.

Blé de la Mecque (Meurthe), *V.* Nonette.

Blé du Mesnil, cfr. Hickling.

Blé du Mesnil Saint-Firmin, cfr. Hickling.

Blé Meunier (Vaucluse), *V.* Odessa sans barbes.

Blé de MIRACLE, S. 45.
Blé d'Abondance (*Touraine*).
Blé Monstre (*Annonces*).
Blé de Smyrne.
Blé rameux jaune.
Blé rameux rouge.

Blé Mitadin (Languedoc), cfr. Poulard roux velu (Cormery).

Blé de Mogador, *V.* Pologne ordinaire.

Blé de Mogador, cfr. Trimenia.

Blé de la Mongolie chinoise, cfr. Pétanielle blanche.

Blé Monstre (Annonces), *V.* Blé de Miracle.

Blé MONTROSIER (Vaucluse), S. 20.
Blé d'Akermarck.

Blé Mottu de Crote, *V.* Carré de Sicile.

Blé Mungowell (Écosse), cfr. Hunter.

Narbonne blanc (Marseille), *V.* Roussillon.

Narbonne rouge (Marseille), *V.* Roussillon.

Nonette (de Lausanne), S. 41.

Géant de Sainte-Hélène.

Blé de La Mecque (Desvaux).

Blé de La Mecque (Meurthe).

Blé de Dantzick.

Blé du Nord, S. 36.

Blé à six cares de Thuré (Vienne).

Poulard d'Hubernac.

Blé de La Mecque (Vendôme).

Poulard blanc à barbes caduques.

Blé gris Semaine de Saint-Laud.

Blé reçu de la Nouvelle-Zélande, A, cfr. Chicot rouge de Caen.

Blé reçu de la Nouvelle-Zélande, D, cfr. Rouge de Thuré.

Blé d'Odessa épi court barbu, cfr. Hérisson.

Blé d'Odessa rouge barbu, *V.* Mars rouge barbu.

Blé d'Odessa sans barbes, S. 19.

Blé d'Alger.

Blé Meunier (Vaucluse).

Richelle de Mars.

Richelle de Grignon.

Touzelle de Provence.

Richelle de Provence.

Blé d'Odessa tendre (Marseille), *V.* Mars rouge barbu.

Oxford prize blanc, cfr. White Essex.

Oxford red, cfr. Blood red.

Blé de Padoue, cfr. Roussillon.

Blé Pâquet, *V.* Rouge de Laigle.

Blé de Pays (Châtellerault), *V.* Blé barbu d'hiver ordinaire.

Pale red Cape, cfr. Talavera de Bellevue.

Pearl white, cfr. Flandre.

Blé Perle (Lawson), cfr. Flandre.

Pétanielle blanche, S. 37.

Poulard blanc de Nice nº 2.

Blé de la Mongolie chinoise.

Pétanielle noire de Nice, S. 44.

Grano moro (Rome).

{ Blé bleu d'Afrique (Bergerac).
{ Brousse bleuâtre (Aveyron).

{ Taganrock noir.
{ Poulard brun de la Vienne.

Peyrès blanc (Nérac), cfr. Poulard blanc velu de Touraine.
Blé de Phalsbourg, *V.* Carré de Sicile.
Blé Pictet, cfr. Fellemberg.
Froment Plat blanc, S. 48.
Froment Plat roux.
Plat compacte, S. 48.
Amidonnier compacte (Seringe).
Plat étalé (Desvaux), V. Gros Taganrock.
Plat géant (Desvaux), cfr. Poulard rouge lisse.
Plat noir dans le Plat roux, S. 48
Froment Plat rameux, S. 45.
Épeautre rameux (Doncien).
Froment Plat roux (Desvaux), cfr. Froment Plat blanc.
Plat de Xérès (Desvaux), *V.* Xérès.
Blé de Pologne compacte, S. 49.
Blé d'Alger, du général Galbois.
Blé de Pologne devenu tendre, cfr. Pologne ordinaire.
Blé de POLOGNE ORDINAIRE, S. 49.
Blé de Mogador.
Pologne devenu tendre.
Blé de Pologne de Varsovie, *V.* Talavera.
Pomeranian wheat,*cfr. Crepi.
Blé de Poméranie (L.-4, coll. belge), cfr. Crépi.
Pomon ou Somon (Saint-Valery-en-Caux), S. 6.
Poulard d'Auvergne, à épi long, S. 41.
Girard, n° 4.
Poulard Barthère, cfr. Gros Turquet.
Poulard de Beauce à barbes caduques, cfr. Poulard gros rouge.
Poulard blanc à barbes caduques (Vienne), cfr. Blé du Nord.
Poulard blanc à épi long du Gâtinais, V. Blé blanc de la Seine-Inférieure.
Poulard blanc de Nice, cfr. Pétanielle blanche.
Poulard blanc de Touraine (Limeray), *V.* Poulard blanc lisse.
Poulard blanc du Blaisois, *V.* Poulard blanc lisse.
POULARD BLANC LISSE (du Gâtinais), S. 35.
Épeaule blanche.
Épeautre blanche.
Poulard blanc du Blaisois.
Blé Poule (Touraine).
Poulard blanc de Touraine (Limeray).

Blé de Taganrock de M. Leblanc-Duplessis, de Vitry-sur-Marne.
Blé de Taganrock, Beaumont (Loiret).
Blé de Taganrock, de M. Mainville (Sologne).
Blé de Taganrock, de M. Creuzé-Delessert, à Châtellerault.
Blé blanc de Châtellerault.
Blé sans barbes de Carône (Vienne).
Poulard blanc lisse de Touraine (Cormery).
Blé blanc de Pays (Vienne).
Aubron blanc (Anjou).
Poulard blanc lisse de Touraine (Cormery), Indre-et-Loire, cfr. Poulard blanc lisse.
Poulard blanc velu à barbes caduques, cfr. Poulard blanc velu de Touraine.
Poulard blanc velu du Gâtinais, S. 38.
Poulard blanc velu de M. de Sainville.
POULARD BLANC VELU DE TOURAINE, S. 38.
Poulard blanc velu à barbes caduques.
Aubaine blanche.
Blé de M. Decaze.
Peyrès blanc.
POULARD BLEU, S. 44.
Bleu Rivet (Angleterre).
Bleu cônique (Angleterre).
Blé à barbes et balles violettes.
Poulard blond lisse, S. 39.
Poulard brun de la Vienne, cfr. Pétanielle noire de Nice.
Poulard carré (Amiens), cfr. Blé d'Egypte.
Poulard carré d'Auvergne, cfr. Blé d'Egypte.
Gros Poulard carré du Puy-de-Dôme, cfr. Blé d'Egypte.
Poulard d'Hubernac, V. Blé du Nord.
POULARD GROS ROUGE, S. 40.
Poulard rouge lisse à épillets élargis (Limagne).
Poulard rouge lisse de Beauce.
Poulard de Beauce à barbes caduques.
Blé doré, de M. Bourgeois.
Poulard rouge lisse de Beauce, cfr. Poulard gros rouge.
Poulard rouge lisse à épillets élargis, V. Poulard gros rouge.
Poulard rouge lisse d'Auvergne, V. Poulard rouge lisse.
POULARD ROUGE LISSE (du Gâtinais), S. 39.
Épeaute rouge.

Blé Poulard rouge lisse d'Auvergne.
Plat geant.
Blé gris (Seine-Inférieure).
Blé Cochon, gros blé, gros blé gris (Caen).
Poulard roux velu (Cormery), S. 41.
Blé Mitadin.
Gouttières (Nerac).
Poulard roux velu de Beauce, S. 41.
Blé Poule (Touraine), V. Poulard blanc lisse.
Priory (Écosse), cfr. Hunter.
Blé de Rampillon, S. 21.
Froment rouge de M. Van Malders.
Froment rouge (coll. belge).
Blé Rameux jaune, cfr. Miracle.
Blé Rameux rouge, cfr. Miracle.
Blé Raton (Loire-Inférieure), V. Rouge de Bretagne.
Blé Razé ou Bladette (Toulouse), cfr. Roussillon.
Blé Red Britannia, cfr. Chicot rouge de Caen.
Blé Red chaff Dantzick, cfr. Striped chaff.
Blé Red kent, S. 22.
Short straw red.
Blé de Saint-Brieuc (du Taya).
Froment de M. Vandenbremt.
Blé Red Marygold, cfr. Golden drop.
Blé Red straw white, cfr. Brodies red seed.
Red straw winter wheat (États-Unis), cfr. Blé Suisse.
Blé renflé sans barbes, cfr. Gros blé de Montauban.
Blé de Revel, V. Blé de pays du Gâtinais.
Froment de Rham (Belgique), V. Rouge d'Essex.
Richelle barbue (comm. de Marseille), cfr. Caucase barbu.
Richelle blanche de Naples, S. 16.
Blé blanc de Rome, Grano bianco.
Richelle blanche de Provence.
Richelle rouge de Naples.
Richelle blanche de Provence, cfr. Richelle blanche de Naples.
Richelle de Grignon, V. Odessa sans barbes.
Richelle de mars, V. Odessa sans barbes.
Richelle de Provence (Marseille), V. Odessa sans barbes.
Richelle rouge (comm. de Marseille), cfr. Caucase barbu.
Richelle rouge de Naples, cfr. Richelle blanche de Naples.

Bleu Rivet (Angleterre), *V.* Poulard bleu.
Blé de Romagne, cfr. Roussillon.
Blé de Rostoff (Anvers), cfr. Lammas.
Blé grand rouge, *V.* Lammas.
Blé petit rouge, Desvaux, cfr. Chicot rouge de Caen.
Blé rouge anglais (Lisieux), *V.* Blood red.
Ble rouge anglais, *V.* Lammas.
Blé Rouge d'Armentières (coll. belge), cfr. Crepi.
Froment Rouge (coll. belge), cfr. Rampillon.
Froment Rouge barbu du Gâtinais, cfr. Froment d'automne rouge barbu.
Blé rouge barbu de la Manche, *V.* Froment d'automne rouge barbu.
Blé Rouge de Beaufort, cfr. rouge de Saint-Laud.
Blé Rouge de Bretagne, S. 20.
Blé Raton.
Marselage grisâtre (Desvaux).
Blé Rouge d'Écosse, *V.* Blood Red.
Blé rouge d'Égypte, cfr. Aubaine rouge.
Ble rouge des environs de Paris, S. 21.
Froment rouge ordinaire sans barbes.
Blé Rouge des Vosges (de Roville).
Blé Rouge sans barbes d'Alsace.
Touzelle rouge de Bretagne.
Blé rouge, de M. de Sainville.
Blé Rouge d'Essex, S. 6.
Rouge d'Essex à balles blanches.
Froment de Rhum (Belgique).
Hickling's prolific.
Chiddam (de Gourcy).
Foak's white.
Blé Rouge d'Essex à balles blanches, *V.* Rouge d'Essex.
Blé Rouge de Laigle, S. 23.
Blé Pâquet.
Blé Rouge de la Manche, S. 20.
Froment roux de pays de M. Van Isterdaël.
Froment Rouge de Pays (Anvers), cfr. Blé de Pays du Gâtinais.
Blé Rouge de Saint-Laud, S. 23.
Rouge de Beaufort.
Blé gris de Brissac.
Blé Rouge, de M. de Sainville, cfr. Blé Rouge des environs de Paris.

Blé Rouge de Tuiré, S. 39.

Blé de la Nouvelle-Zélande, D.

Froment Rouge de M. Van Malders, cfr. Rampillon.

Blé Rouge des Vosges (de Roville), V. Blé Rouge des environs de Paris.

Froment Rouge ordinaire sans barbes, V. Blé Rouge des environs de Paris.

Blé Rouge pâle du Cap (Pale red Cape), cfr. Talavera de Bellevue.

Blé Rouge sans barbes d'Alsace, V. Blé Rouge des environs de Paris.

Blé Rouge Touzard (Côtes-du-Nord), cfr. Chicot rouge de Caen.

Blé Rouge velu de Crète, V. Crète.

Blé de Roussillon, S. 29.

Saisette de Tarascon.

Siaisse d'Agde ou de Béziers.

Siaisse blanche (Marseille).

Siaisse rouge (Marseille).

Siaisse d'Arles.

Saisette d'Arles.

Narbonne blanc (Marseille).

Narbonne rouge (Marseille).

Bladette barbue mâle, de Toulouse.

{ Bladette de Castelnaudary.
{ Blé razé ou Bladette (Toulouse).

Blé d'Ancône.

Blé de Padoue.

Blé de Romagne.

Blé Roux d'Armentières (coll. belge), cfr. Crépi.

Froment Roux de Pays de M. Van Isterdaël, cfr. Blé rouge de la Manche.

Blé de Saint-Brieuc (Côtes-du-Nord), cfr. Red Kent.

Blé de Saint-Firmin, de M. E. Garreau, cfr. Hickling.

Blé de Saint-Laud. V. Saumur.

Blé gris de Saint-Laud (Maine-et-Loire), V. Saumur.

Blé gris Semaine de Saint-Laud, cfr. Blé du Nord.

Blé de Saint-Nectaire (Puy-de-Dôme), V. Blé barbu d'hiver ordinaire.

Saisette d'Arles, V. Roussillon.

Saisette de Tarascon, V. Roussillon.

Blé Salmon (de Gourey), cfr. Brodies red seed.

Blé Saumon de M. Monnot-Leroy, cfr. Somon ou Pomon (Saint-Valery-en-Caux).

Blé de SAUMUR, S. 10.

Blé de Saint-Laud.

Blé gris de Saint-Laud

Blé Camus (Pontoise).

Brown Chevalier.

Schireff's, cfr. Flandre.

Short straw red, cfr. Red Kent.

Siaisse d'Agde ou de Béziers, *V.* Roussillon.

Siaisse d'Arles, *V.* Roussillon.

Siaisse blanche (Marseille), *V.* Roussillon

Siaisse rouge (Marseille), *V.* Roussillon.

Blé de Sibérie (États-Unis), cfr. Mars barbu ordinaire.

Silver drop, cfr. Flandre.

Blé Somon ou Pomon (Saint-Valery-en-Caux), S. 6.

Saumon, de M. Monnot-Leroy.

Spring Talavera, cfr. Golden drop blanc.

Blé de Smyrne, *V.* Blé de Miracle.

Striped chaff, S. 22.

Blé à balles panachées.

Red chaff Dantzick.

Blé Suisse (Seine-et-Oise), S. 13.

?Red straw winter wheat.

Blé Suisse, de M. de Sainville, S. 6.

Syer's red, cfr. Blood red.

Syra, cfr. Talavera.

GROS TAGANROCK, S. 47.

Plat étalé.

Blé d'Alexandrie.

{Blé d'Ismaël (Marseille).

{Froment Tripet.

TAGANROCK BLANC A BARBES NOIRES, S. 47.

Blé du Bengale (Vendôme).

Blé de Taganrock, (Vitry-sur-Marne), *V.* Poulard blanc lisse.

Blé de Taganrock, (Châtellerault), *V.* Poulard blanc lisse.

Blé de Taganrock (Beaumont) (Loiret), *V.* Poulard blanc lisse.

Blé de Taganrock (Sologne), *V.* Poulard blanc lisse.

Blé de Taganrock noir, S. 46.

Blé de Taganrock noir (Vienne), cfr. Pétanielle noire de Nice.

Blé de Taganrock tendre (comm. de Marseille), *V.* Marianopoli.

Blé de Talavera, S. 3.

Blé anglais voisin du Talavera (Desvaux).

Blé de Pologne de Varsovie.

Syra (Angleterre).

Devonshire (Angleterre).

Froment blanc indigène de M. Jansens (Belgique).

Talavera de Bellevue, S. 14.

Blé d'Espagne de mars.

Blé d'Espagne, de M. Pierron (Nord).

Blé d'Espagne, de M. Pinta (Somme).

Pale red Cape (Rouge pâle du Cap).

Blé blanc de Kœningsberg.

Blé du Thibet, de M. Noisette, *V.* Chili.

Blé Thickset, S. 8.

Blé à six cares de Thuré (Vienne), *V.* Nord.

Blé de Tiflis, de M. Noisette, *V.* Flandre.

Blé trouvé dans le Tiflis de M. Noisette, *V.* Hongrie.

Blé de Tiflis, de M. Régnier, cfr. Hérisson.

Blé de Tiflis, n° 2, cfr. Hérisson.

Blé Tibbold (Angleterre), cfr. Blood red.

Blé de Toscane, cfr. Mars barbu ordinaire.

Blé de Toscane (blanc sans barbes), *V.* Mars sans barbes ordinaire.

Touzelle anone (Nice), *V.* Touzelle blanche.

Touzelle blanche, S. 13.

Touzelle anone (Nice).

{Touzelle ou Tuzelle de Provence.

{Touzelle blanche de Mars.

Blé américain, de M. Murray.

Touzelle blanche barbue, S. 30.

Touzelle blanche de Mars, cfr. Touzelle blanche.

Touzelle blanche (Seringe), *V.* Fellemberg.

Touzelle de Provence, *V.* Odessa sans barbes.

Touzelle rouge barbue, *V.* Mars rouge barbu.

Touzelle rouge de Bergerac, *V.* Blé rouge des environs de Paris.

Touzelle rouge de Provence, S. 26.

Blé Tremois de Beaufort (Maine-et-Loire), cfr. Mars barbu ordinaire.

Blé Trimenia, S. 46.

Durum (Desfontaines).

Blé dur de Vendôme.

Blé de Manfredonia.

Blé de Mogador.

Blé de Mai, de M. Darblay.

Blé de la Trinité, *V.* Victoria.

Froment Tripet, cfr. Gros Taganrock.

Triticum Bengalense (Angleterre), *V.* Épeautre blanche barbue.

Triticum fastuosum, cfr. Xérès.

Triticum Kœleri (Lecouteur), *V.* Blé de Haie.

Blé Tunstall (Angl.), *V.* Blé de Haie.

GROS TURQUET, S. 42.

Turquet à six rangs.

Grossaille, de la Gironde.

Poulard Barthère (Toulouse).

Bladette de Ducons (Nérac).

Blé Brousse (Aveyron).

Turquet à six rangs, *V.* Gros Turquet.

Uxbridge (Écosse), cfr. Hunter.

Blé de M. de Valcourt, cfr. Hickling.

Froment de M. Vandenbremt, cfr. Red Kent.

Blé velu de Crète, *V.* Crète.

Blé velu de la Manche, cfr. Lammas velouté.

Blé de VICTORIA ou de 70 JOURS, S. 30.

Blé de la Trinité.

Blé de Carracas.

Blé des Iles Barbades.

Blé de Victoria (Gillet de Grammont), *V.* Mars rouge barbu.

Blé WHITE ESSEX, S. 5.

Blé blanc d'Essex.

Blé anglais de Bricquebec.

Battewell Suffolk.

Lord Western.

Oxford prize blanc.

Blé white Kent, cfr. Flandre.

Blé white Scotch, cfr. Jersey Dantzick.

Blé Whittingham gigantic, cfr. Whittington.

Blé WHITTINGTON, S. 2.

Eclips.

Géant d'Eley.

Whittingham gigantic.

Fireter's.

Blé de XERÈS, S. 46.

Plat de Xérès.

{ Triticum fastuosum.
{ Blé d'Espagne.

Blé blanc Zée (Nord), V. Flandre.

FIN.

www.ingramcontent.com/pod-product-compliance
Ingram Content Group UK Ltd.
Pitfield, Milton Keynes, MK11 3LW, UK
UKHW022136170726
13837UKWH00004B/1600

9 782329 234748